Raúl Alfredo Sánchez Ancajima

Extensão de cinco e seis nós do método de quadratura numérica

Raúl Alfredo Sánchez Ancajima

Extensão de cinco e seis nós do método de quadratura numérica

Integração numérica

ScienciaScripts

Imprint

Any brand names and product names mentioned in this book are subject to trademark, brand or patent protection and are trademarks or registered trademarks of their respective holders. The use of brand names, product names, common names, trade names, product descriptions etc. even without a particular marking in this work is in no way to be construed to mean that such names may be regarded as unrestricted in respect of trademark and brand protection legislation and could thus be used by anyone.

Cover image: www.ingimage.com

This book is a translation from the original published under ISBN 978-620-0-01754-3.

Publisher:
Sciencia Scripts
is a trademark of
Dodo Books Indian Ocean Ltd. and OmniScriptum S.R.L publishing group

120 High Road, East Finchley, London, N2 9ED, United Kingdom
Str. Armeneasca 28/1, office 1, Chisinau MD-2012, Republic of Moldova, Europe
Printed at: see last page
ISBN: 978-620-7-38450-1

DEDICAÇÃO

Dedico este trabalho à minha mulher, ao meu filho e aos meus pais pelo seu apoio incondicional.

Raul *Sanchez A.*

AGRADECIMENTOS

O autor gostaria de lhes agradecer calorosamente:

- Luis Vicente Mejia Aleman, MSc. pelos seus conselhos científicos e sábia direção do trabalho de investigação, bem como pelas suas sugestões substanciais durante a redação da tese.

- Robert Ipanaque Chero, pela sua constante e desinteressada disponibilidade para esclarecer algumas dúvidas que surgiram durante o desenvolvimento dos programas *Mathematica*.

- Gostaria de expressar os meus sinceros agradecimentos a todas as pessoas que, de uma forma ou de outra, contribuíram para a realização deste trabalho de investigação.
Estima.

RESUMO

Este trabalho começa com uma fórmula de quadratura baseada na interpolação de polinómios de Lagrange. A partir desta fórmula, obtemos as regras de quadratura de cinco e seis nós com os seus erros simples. De seguida, utilizamos o conceito de integração para subdividir o intervalo de integração e aplicamos a quadratura simples a cada subdivisão do intervalo de integração. Derivamos as regras de quadratura de cinco e seis nós com os respectivos erros compostos. Todas as regras derivadas são ilustradas com exemplos.

Palavras chave

Interpolação, Lagrange, integração numérica.

INTRODUÇÃO

A integração numérica pelo método da quadratura com base nos polinómios interpoladores de Lagrange é indispensável para avaliar os integrais definitivos de uma função cuja anti-derivada não pode ser expressa sob a forma de funções previamente conhecidas. É também muito útil para integrar funções não polinomiais, uma vez que os polinómios são sempre mais fáceis de integrar.

As regras baseadas em tais métodos numéricos de quadratura que são tipicamente ensinadas num curso básico são: a regra trapezoidal (que considera dois nós), a regra 1 de Simpson (que usa três nós) e a regra 3 de Simpson (que considera quatro nós). Ensina-se que estes métodos aumentam em precisão e velocidade de convergência pela ordem em que são dados.

No entanto, é possível aumentar a exatidão e a velocidade de convergência aumentando o número de nós. Assim, decidiu-se estudar e analisar neste trabalho a extensão do método numérico de quadratura a cinco e seis nós com base em polinómios interpoladores Lagrangianos. O conjunto da análise, que faz parte do desenvolvimento deste trabalho, oferecerá duas novas regras de integração numérica.

CAPÍTULO I

MÉTODO DE QUADRATURA NUMÉRICA BASEADO EM POLINÓMIOS DE INTERPOLAÇÃO DE LAGRANGE

1.1. Interpolação de funções

Um dos problemas fundamentais da análise numérica é a interpolação de funções. É frequentemente necessário restituir a função $y(x)$ para todos os valores de x no intervalo $a < x < b$, se os seus valores forem conhecidos num número finito de pontos desse intervalo. Esses valores podem ser determinados por medições (observações) numa experiência natural ou por cálculos. Além disso, pode acontecer que a função $y(x)$ seja definida por uma determinada fórmula e que o cálculo dos seus valores segundo essa fórmula seja muito trabalhoso, razão pela qual é desejável dispor de uma outra fórmula mais simples para essa função (menos trabalhosa para os cálculos) que permita encontrar valores aproximados da função em causa com a precisão necessária em qualquer ponto do intervalo. Daí o seguinte problema matemático.

Suponha-se que, no intervalo $a < x < b$, existe uma grelha $Cd = \{x_0 = a < x1 < ... < xn = b\}$ e nos nós da treliça, os valores da função $y(x)$ são $y(x_0) = y_o, y(x1) = y1,....,y(xn) = yn$. É-nos pedido que construamos uma rede

interpolação, ou seja, uma função $f(x)$ que coincide com a função $y(x)$ nos nós da rede:

$$f(xi) = Yi, \qquad i = 0,1,...,n.$$

O principal objetivo da interpolação é obter um algoritmo rápido (e pouco dispendioso) para calcular os valores de $f(x)$ em pontos x que não estão incluídos na tabela de dados.

A questão principal é como escolher a função de interpolação $f(x)$ e como estimar o erro $y(x)$ - $f(x)$. As funções de interpolação $f(x)$ são geralmente construídas como combinações lineares de certas funções elementares:

$$f(x) = \sum_{k=0}^{n} c_k \Phi_k(x) ,$$

em que $\{\Phi_k(x)\}$ são funções fixas, linearmente independentes; $c_0, c1,...,c_n$, alguns coeficientes até agora desconhecidos.

As condições (1.1) dão origem a um sistema de n + 1 equações em relação aos coeficientes $\{ck\}$: n

6

$$\sum_{k=0}^{n} c_k \Phi_k(x_i) = y_i, \qquad i = 0, 1, \ldots, n.$$

Suponha que o sistema de funções Φ_k (x)

seja tal que, qualquer que seja a escolha dos nós $a = x_0 < x_1 < \ldots < x_n = b$, o determinante do sistema permanece diferente de zero.

$$\Delta(\Phi) = \begin{vmatrix} \Phi_0(x_0) & \Phi_1(x_0) & \ldots & \Phi_{(x_0)} \\ \Phi_0(x_1) & \Phi_1(x_1) & \ldots & \Phi_{(x_1)} \\ \ldots & \ldots & \ldots & \ldots \\ \Phi_0(x_n) & \Phi_1(x_n) & \ldots & \Phi_{(x_n)} \end{vmatrix}.$$

Neste caso, os coeficientes ck $(k = 0, 1, \ldots,$ n) são determinados univocamente em função dos yi $(i = 0, 1, \ldots,$ n) que os precedem.

Como sistema de funções linearmente independentes $\{\Phi_k \ (x)\}$, escolhemos mais frequentemente: funções potenciais Φ_k $(x) = xk$ (neste caso, $f = Pn(x)$ é um polinómio de grau n); funções trigonométricas $\{\Phi_k \ (x) = \cos kx, senkx\}$ $(f$ é um polinómio trigonométrico). As funções racionais também são utilizadas

No entanto, este teorema não nos dá uma resposta à questão da existência de um bom polinómio interpolador para o conjunto de pontos $\{(xi, \ yi)\}$.

Estamos, portanto, à procura do *polinómio de interpolação* com a forma

$$P_n(x) = \sum_{k=0}^{n} c_k x^k, \qquad (1.2)$$

$$\frac{\alpha_0 + \alpha_1 x + \ldots + \alpha_m x^m}{\beta_0 + \beta_1 x + \ldots + \beta_p x^p}$$

e outros tipos de funções de interpolação. Neste documento, vamos analisar os polinómios de interpolação.

1.2. Interpolação polinomial

Sabe-se que qualquer função f (x) que seja contínua no segmento $[a, \ b]$ pode ser aproximada por um polinómio P_n (x):

1.2.1. Teorema de Weierstrass. Para todo $\epsilon > 0$, existe um polinómio P_n (x) de grau

7

$n - n(\varepsilon)$ que

$$\max_{x \in [a,b]} |f(x) - P_n(x)| < \varepsilon.$$

$$c_0 + c_1 x_0 + \ldots + c_n x_0^n = y_0,$$

$$c_0 + c_1 x_1 + \ldots + c_n x_1^n = y_1,$$

$$\ldots \ldots \ldots \ldots \ldots \ldots \ldots \ldots \quad \ldots \quad \ldots$$

$$c_0 + c_1 x_n + \ldots + c_n x_n^n = y_n.$$

$$\Delta = \begin{vmatrix} 1 & x_0 & x_0^2 & \ldots & x_0^n \\ 1 & x_1 & x_1^2 & \ldots & x_1^n \\ \ldots & \ldots & \ldots & \ldots & \ldots \\ 1 & x_0 & x_0^2 & \ldots & x_0^n \end{vmatrix} = \prod_{n \geq k > m \geq 0} (x_k - x_m) \neq 0.$$

$$l_k(x) = l_k^{(n)}(x) = \frac{(x - x_0)(x - x_1) \ldots (x - x_{k-1})(x - x_{k+1}) \ldots (x - x_n)}{(x_k - x_0)(x_k - x_1) \ldots (x_k - x_{k-1})(x_k - x_{k+1}) \ldots (x_k - x_n)}$$

onde c_k são os coeficientes indeterminados. Assumindo que $f(x_i) = y_i$, obtemos um sistema de equações lineares

O determinante deste sistema é um determinante de Vandermonde não nulo :

Como resultado, o polinómio de interpolação (1.2) existe e é único (existe um

uma multiplicidade de formas para a sua inscrição).

Para a base de $\{\Phi_k(x)\}$, escolhemos uma base composta pelos monómeros $1, x, x^2, \ldots, x_n$. Para os cálculos, é mais conveniente usar a base dos polinómios de Lagrange $\{l_k(x)\}$ de grau n ou *coeficientes de Lagrange:* .

$$1 \text{ se } i - k, \; l_k^{(x_i)} - \blacksquare^*.$$
$$0 \text{ se } i - k, \; k - 0, 1, \ldots, n.$$

Não é difícil ver que o polinómio de grau n

satisfaz estas condições. O polinómio $l_k(x)$ está obviamente definido de forma única. Suponhamos que existe um polinómio mais $l_k(x)$; então o

Diferença entre eles $l_k(x) - l_k(x) = q_n(x)$ é um polinómio de grau n que tende para zero em $n + 1$ pontos x_i $(i = 0, 1, \ldots, n)$. Isto é possível se $l_k(x) - l_k(x) = 0$.

8

O polinómio $l_k(x)$ `yk` toma o valor `yk` no ponto `xk` e é zero em todos os outros nós `xj`
para `j` = `k`. Como resultado, o polinómio de interpolação

que é chamado *o termo residual da interpolação*. Suponha que a função `f` seja derivável `n` + 1
vezes no intervalo `a` < `x` < `b`. Então c tem a mesma propriedade que o resto R(x), com a
diferença que

porque $P^{(n+1)}(x) = 0$. Seja

Vamos definir `x` como `a` < `x` < `b` e analisar uma função auxiliar

A função $\phi^\wedge$) é naturalmente também derivável `n` + 1 vezes no intervalo `a` < `x` < `b`, para além de
1.4 e $w^{(n+1)}$ $(t) = (n + 1)!$ temos

$$P_n(x) - \sum_{k=0}^{n} l_k(x)\, y_k - \sum_{k=0}^{n} y_k \prod_{i \neq k} \frac{x - x_i}{x_k - x_i} \qquad (1.3)$$

$$\omega(x) - (x - x_1)(x - x_2)\ldots(x - x_{n+1}),$$

$$\phi^{(n+1)}(t) - f^{(n+1)}(t) - (n + 1)!\frac{R(x)}{\omega(x)}. \qquad (1.5)$$

não é maior do que `n` e *Pn(xi)* = `yi`. *A fórmula* (1.3) é designada por *Lagrangiana*. O número de
operações aritméticas necessárias para calcular (1.3) é proporcional a n^2.

$$R^{(n+1)}(x) = f^{(n+1)}(x), \ a \leq x \leq b, \qquad (1.4)$$

$$R(x) - f(x) - P_n(x)$$

Vejamos agora a diferença entre a função e o polinómio de interpolação.

$$\phi(t) - R(t) - \frac{R(x)}{\omega(x)}\omega(t), \ a \leq t \leq b.$$

O objetivo da *integração numérica* é encontrar o valor aproximado do integral.

$$R(x) - \frac{f^{(n+1)}(\xi)}{(n+1)!} \prod_{j=1}^{n+1} (x - x_j), \ a \leq x \leq b, a < \xi < b.$$

Esta é a origem da estimativa do termo residual.

$$|R(x)| \leq \frac{1}{(n+1)!} \max_{a \leq x \leq b} \left| \prod_{j=1}^{n+1} (x - x_j) \right| \sup_{a \leq x \leq b} |f^{(n+1)}(x)|.$$

$$J[f] - \int_a^b f(x)\,dx, \qquad (1.6)$$

9

1.3. Fórmulas mais simples de integração numérica (quadratura)

em que $f(x)$ é uma função prefixada. No intervalo $[a, b]$, existe uma grelha $w =$ $\{xi : x_0 = a < x1 < \ldots < xi < x i_., < \ldots < x_N = b\}$ e como um valor aproximado de o integral é definido como o número em que $f(xi)$ são os valores da função $f(x)$ nos *nós* $x = xi$ e ci *são os factores de ponderação que dependem apenas dos nós mas não dependem deles.*

$$J_N[f] = \sum_{i=0}^{N} c_i f(x_i), \qquad (1.7)$$

A função $\phi(<)$ anula-se em $n + 2$ pontos $x, x_1, x_2, \ldots x_{n+1}$; logo, de acordo com o teorema de Rolle, a sua derivada cai para zero pelo menos em $n + 1$ pontos do intervalo $a < x < b$, a segunda derivada em n pontos, e assim por diante. Por indução, concluímos que a $(n + 1)$-ésima derivada da função ϕ tende a zero pelo menos uma vez no intervalo $a < x < b$. Seja $\phi^{(n+1)}(\pounds) = 0$, $a < \pounds < b$, então segue de 1.5

a escolha de $f(x)$. A fórmula (1.7) é designada por quadratura ou integração numérica.

$$J[f] = \sum_{i=1}^{N} J_i.$$

O objetivo da integração numérica por quadratura é encontrar nós $\{xi\}$ e pesos $\{ci\}$ tais que o erro da fórmula de quadratura seja

$$L[f] - \int_{0}^{1} f(s)\,ds \qquad (1.8)$$

$$x - \alpha + (\beta - \alpha)s, \qquad (1.9)$$

$$f(x) - f(\alpha + (\beta - \alpha)s) - \bar{f}(s) \qquad (1.10)$$

é mínima para funções da classe dada (a dimensão de $D[f]$ depende do grau de suavidade de $f(x)$). Na construção da fórmula da quadratura, o integral (1.6) é geralmente representado

$$\int_{\alpha}^{\beta} f(x)\,dx = \varkappa \int_{0}^{1} \bar{f}(s)\,ds = \varkappa L[\bar{f}], \qquad \varkappa = \beta - \alpha$$

como uma soma de integrais

tipo

que se referem, respetivamente, ao integral padrão que passa pelo segmento de comprimento Unidade :

utilizando uma substituição

$$D[f] = \sum_{i=0}^{N} c_i f(x_i) - \int_{a}^{b} f(x)\,dx = J_N[f] - J[f]$$

para que

(o hífen acima de f (s) é omitido). Considere w como uma rede uniformemente. Neste caso, podemos escrever

$$\int_{\alpha}^{\beta} f(x)\,dx ,$$

Se N = 2i0 é um número par, temos

$$J[f] - \sum_{i=1}^{i_0} J_{2i-1} ,$$

$$J_{2i-1} - \int_{x_{2i-2}}^{x_{2i}} f(x)\,dx - 2h \int_{0}^{1} f(x_{2i-2} \mid 2hs)\,ds ,$$

etc.

$$J_i = \int_{x_{i-1}}^{x_i} f(x)\,dx = h \int_{0}^{1} f(x_{i-1} + hs)\,ds , \quad h = x_i - x_{i-1} .$$

Assim, o problema reduz-se à construção da fórmula de quadratura para a integral

$$\Lambda(f) = \sum_{k=0}^{m} p_k f(s_k) . \qquad (1.11)$$

(1.8), calculada para um segmento unitário. No segmento $0 < s < 1$, vamos escolher os nós $0 < s0 < s1 < ... < sm < 1$ (a forma da fórmula da quadratura) e, para a integral (1.8), vamos usar a fórmula

$$m - 0, p_0 - 1, s_0 - \frac{1}{2}, \Lambda(f) - f\left(\frac{1}{2}\right) :$$

Vejamos as fórmulas de quadratura mais simples:

Fórmula do retângulo (a forma contém um nó) :

Fórmula trapezoidal (dois nós) :

11

$$m = 1, p_0 = \frac{1}{2}, p_1 = \frac{1}{2}, s_0 = 0, s_1 = 1,$$

$$\Lambda(f) = \frac{1}{2}\left(f(0) + f(1)\right):$$

Fórmula de Simpson (três nós) :

$$m = 2, p_0 = p_2 = \frac{1}{6}, p_1 = \frac{4}{6}, s_0 = 0, s_1 = \frac{1}{2}, s_2 = 1,$$

Na prática, utilizamos geralmente fórmulas com um número reduzido de nós de forma.

$$J_N[f] - \sum_{i=0}^{N-1} h f(x_{i+1/2}), \quad x_{i+1/2} - x_i + \frac{1}{2}h; \qquad (1.12)$$

Vamos agora escrever as fórmulas correspondentes para o integral (1.6) numa grelha uniforme $\{xi = ih\}$ de nível h. Tendo em conta as substituições (1.9) e (1.10), obtemos

$$J_N[f] - \sum_{i=0}^{N} c_i f(x_i)h, \quad c_0 - c_N - \frac{1}{2}, c_i - 1, i - 1, 2, \ldots, N-1; \qquad (1.13)$$

Fórmula do retângulo :

Fórmula trapezoidal :

A fórmula dos Simpsons :

1.4 Construção de fórmulas de quadratura

Tendo em conta o exposto, basta encontrar o problema para obter o integral .

Tipo (1.8) ao qual é aplicada a fórmula de quadratura (1.8).

$$\Lambda(f) - \frac{1}{6}\left(f(0) + 4f\left(\frac{1}{2}\right) + f(1)\right).$$

$$J_N[f] - \sum_{i=0}^{N} c_i f(x_i)h - \frac{h}{3}(f_0 + 4f_1 + 2f_2 + 4f_3 + \ldots$$

$$+ 2f_{N-2} + 4f_{N-1} + f_N) \quad \text{para } N - 2i_0. \quad (1.14)$$

$$\int_0^1 f(s)\,ds \approx \sum_{k=0}^{m} p_k f(s_k). \qquad (1.15)$$

No caso geral, os nós e os pesos são desconhecidos e devem ser determinados.

Consideremos primeiro um caso em que os nós são prefixados e precisamos de encontrar os pesos da fórmula de quadratura $\{pk\}$. Aproveitamos a exigência de que a fórmula (1.15) tem de ser exacta para todo o polinómio Pr(s) de grau r < m. Precisamos, portanto, da fórmula

$$\Lambda[P_r] = L[P_r], \qquad r \le m. \qquad (1.16)$$

Este sistema tem uma solução única, porque o seu determinante é o determinante de Vandermonde não nulo se não houver nós coincidentes, s0 < s1 < .... < sm.

Supondo m = 2, s0 = 0, s1 = 1/2, s2 = 1, temos um sistema P0 + p1 + P2 = 1, p1/2 + p2 = 1/2, P1/4 + p2 = 1/3, cuja solução é representada pelos pesos da fórmula de Simpson: p0 = p2 = 1/6, p1 = 4/6. A fórmula de Simpson é, portanto, exacta para um polinómio do segundo grau. Mas como é simétrica, é também exacta para todos os polinómios do terceiro grau:

$$p_0 + p_1 + \ldots + p_m = 1,$$

$$p_0 s_0 + p_1 s_1 + \ldots + p_m s_m = 1/2,$$

....

$$p_0 s_0^\sigma + p_1 s_1^\sigma + \ldots + p_m s_m^\sigma = 1/(\sigma + 1),$$

....

$$p_0 s_0^m + p_1 s_1^m + \ldots + p_m s_m^m = 1/(m+1).$$

Para que o polinómio de grau r satisfaça (1.16), basta exigir que a fórmula da quadratura seja exacta para cada monómio -s' de grau a (a = 0,1,... ,r). Se considerarmos que /.s'''] = 1/(a + 1), obtemos de (1.16) m + 1 equações

$$P_3(s) = 1 + \alpha_1(s - 1/2) + \alpha_2(s - 1/2)^2 + \alpha_3(s - 1/2)^3,$$

uma vez que é exato para f (s) = (s - 1/2)3,

As fórmulas do retângulo e do trapézio são exactas para uma função linear, ou seja, para um polinómio do primeiro grau, o que é imediatamente evidente.

$$\Lambda\left[\left(s - \frac{1}{2}\right)^3\right] = \frac{1}{6}\left(\left(-\frac{1}{2}\right)^3 + 4.0 + \left(\frac{1}{2}\right)^3\right) = 0.$$

$$L\left[\left(s - \frac{1}{2}\right)^3\right] = \int_0^1 \left(s - \frac{1}{2}\right)^3 ds = 0.$$

No caso geral, o polinómio de interpolação Lagrangiano pode ser escolhido como Pm(s)

$$P_m(s) = \sum_{k=0}^m l_k^{(m)}(s) f(s_k),$$

em que lkm)(s) é o coeficiente de interpolação de Lagrange. Da igualdade podemos ver que a fórmula (1.15) é exacta para um polinómio de grau m se os factores

13

Os pesos pk são determinados através da seguinte fórmula

$$L[P_m] - \int\limits_0^1 P_m(s)\,ds - \sum_{k=0}^{m} f(s_k) \int\limits_0^1 l_k^{(m)}(s)\,ds - \sum_{k=0}^{m} p_k f(s_k)$$

As fórmulas deste tipo são conhecidas como fórmulas de probabilidades de quadratura.

Para ilustrar as fórmulas de quadratura, tomemos outra fórmula: em

$$p_k = \int\limits_0^1 l_k^{(m)}(s)\,ds. \tag{1.17}$$

Para ilustrar as fórmulas de quadratura, vamos usar outra fórmula: na sua forma terapêutica, sk = k/3 (k = 0, 1, 2, 3), m = 3 :

$$f(s) = f(0) + s f'(0) + \frac{s^2}{2} f''(0) + \ldots + \frac{s^n}{n!} f^{(n)}(0) + R_{n+1}(s), \tag{1.18}$$

$$R_{n+1}(s) = \int\limits_0^s \frac{(s-t)^n}{n!} f^{(n+1)}(t)\,dt,$$

$$\Lambda(f) - \frac{1}{8}\left(f(0) + 3f\left(\frac{1}{3}\right) + 3f\left(\frac{2}{3}\right) + f(1) \right),$$

$$\int\limits_0^s \frac{(s-t)^n}{n!} f^{(n+1)}(t)\,dt =$$

$$= -\frac{(s-t)^{(n+1)}}{(n+1)!} f^{(n+1)}(t)\Big|_0^s + \int\limits_0^s \frac{(s-t)^{n+1}}{(n+1)!} f^{(n+2)}(t)\,dt =$$

$$= \frac{s^{n+1}}{(n+1)!} f^{(n+1)}(0) + \int\limits_0^s \frac{(s-t)^{n+1}}{(n+1)!} f^{(n+2)}(t)\,dt. \tag{1.19}$$

As formas das quatro fórmulas de quadratura acima consistem nos nós simétricos em torno do centro s = 1/2 do segmento 0 < s < 1.

1.5 Fórmula de Taylor com termo residual na forma integral

Ao estudar o erro na fórmula de c uadratura, precisamos da fórmula de Taylor com

$$f(s) = f(0) + R_1(s), \qquad R_1(s) = \int\limits_0^s f'(t)\,dt.$$

o termo residual na forma integral:

14

Esta fórmula pode ser demonstrada por indução em relação a n. Está correcta para n = 0 :

Vamos assumir que isto é verdade para n. Se integrarmos por partes, obtemos uma

$$K_n(\xi) = \begin{cases} \xi^n/n! & \text{para } \xi \geq 0, \\ 0 & \text{para } \xi < 0, \end{cases} \tag{1.20}$$

correlação

o que a fórmula (1.18) prova exatamente para n + 1. A introdução da função

$$p_0 = p_3 = \frac{1}{8}, \quad p_1 = p_2 = \frac{3}{8}.$$

1.6. Fórmula de erro para a fórmula de quadratura

$$R_{n+1}(s) = \int_0^1 K_n(s-t) f^{(n+1)}(t)\, dt. \tag{1.21}$$

$$\Delta(f) - \Lambda|f| - L|f| \tag{1.22}$$

$$f(s) = P_n(s) + R_{n+1}(s), \quad P_n(s) = \sum_{\sigma=0}^{n} \frac{s^\sigma}{\sigma!} f^{(\sigma)}(0). \tag{1.23}$$

Agora vamos deduzir uma fórmula para o erro da fórmula da quadratura na classe C(n+1) de funções com a (n + 1)-ésima derivada contínua na secção 0 < s < 1: f (s) e C(n+1) [0,1]. Neste caso, a fórmula (1.18) é útil, ou

$$\Lambda[P_n] = L[P_n], \quad \text{es decir.} \quad n \leq n_0. \tag{1.24}$$

Resulta do exposto (ver secção 1.4) que, para um polinómio Pn(s) de grau n, a fórmula (1.15) é exacta em dois casos: para n < m + 1 = n0 quando m é par e a fórmula é simétrica; para n < m = n0 em todos os outros casos. Assumimos provisoriamente que

$$\Delta(f) = \int_0^1 F_{n+1}(t) f^{(n+1)}(t)\, dt, \tag{1.26}$$

$$F_{n+1}(t) = \sum_{k=0}^{m} p_k K_n(s_k - t) - \frac{(1-t)^{n+1}}{(n+1)!}. \tag{1.27}$$

15

Voltemos agora à diferença A(f) e substituamos f = Pn + Rn+1 em (1.22).
Se tivermos em conta (1.21) e (1.24), obtemos

$$\Delta(f) - \Lambda|f| - L|f| -$$

$$- (\Lambda|P_n| - L|P_n|) + (\Lambda|R_{n+1}| - L|R_{n+1}|) -$$

$$- \Lambda|R_{n+1}| - L|R_{n+1}| - \sum_{k=0}^{m} p_k \int_0^1 K_n(s_k - t) f^{(n+1)}(t)\, dt -$$

$$- \int_0^1 K_n(s - t) f^{(n+1)}(t)\, dt\, ds -$$

$$- \int_0^1 \left[\sum_{k=0}^{m} p_k K_n(s_k - t) - \int_0^1 K_n(s - t)\, ds \right] f^{(n+1)}(t)\, dt . \quad (1.25)$$

Se utilizarmos a expressão (1.20) para Kn(s - t), obtemos

$$\int_0^1 K_n(s - t)\, ds = \int_t^1 \frac{(s - t)^n}{n!}\, ds = \frac{(1 - t)^{n+1}}{(n + 1)!} .$$

onde

Obtém-se assim o erro estimado

para | f (n+1)(t) | < Mn+1, em que Mn+1 > 0 é uma constante, e para

A fórmula do erro é, portanto, a seguinte

$$| \Delta(f) | \le M_{n+1} c_{n+1} \qquad\qquad (1.28)$$

$$c_{n+1} - \int_0^1 | F_{n+1}(t) |\, dt .$$

Se Fn+1(t) não muda de sinal na secção 0 < s < 1, então o teorema da média dá

$$\Delta(f) - f^{(n+1)}(\xi) \int_0^1 F_{n+1}(t)\, dt, \quad \xi \in [0, 1] .$$

Estimativa do erro de fórmulas concretas
Por conseguinte, РЯГГЯ é o erro.

$$\frac{d^\sigma f(s)}{ds^\sigma} - \varkappa^\sigma \frac{d^\sigma f(x)}{dx^\sigma} ,$$

$$\bar{f}(s) - f(x), \quad x - \alpha + (\beta - \alpha)s, \quad dx - \varkappa ds, \quad \varkappa - \beta - \alpha .$$

está correcta, obtém-se a seguinte fórmula com base em (1.28)

$$d[f] - \sum_{k=0}^{m} \varkappa p_k f(x_k) - \int_{\alpha}^{\beta} f(x)\, dx - \varkappa \Delta(f)$$

Para calcular o erro JN [f] - J[f], é necessário somar os erros D[f] | D[f] | na rede. Assim,

$$|\, d[f]\,| \le c_{n+1} \varkappa^{n+2} \max_{x \in [\alpha, \beta]} |f^{(n+1)}(x)|,$$

temos
$$c_{n+1} - \int_{0}^{1} |F_{n+1}(t)|\, dt.$$

O nosso objetivo é obter a estimativa do erro Л(/) = Л[/] - L[f] a partir da fórmula de quadratura para o integral padrão (1.8). No que respeita às fórmulas para os integrais (1.6) e (1.8), deve notar-se que

$$|\, D[f]\,| = \sum |\, d[f]\,| \le \sum c_{n+1} \varkappa^{n+2} \max_{x \in [\alpha, \beta]} |f^{(n+1)}(x)|,$$

$$\le c_{n+1} \left(\frac{b-a}{N}\right)^{n+2} \left(N \max_{x \in [a,b]} |f^{(n+1)}(x)|\right),$$

$$|\, D[f]\,| \le \frac{c_{n+1} M (b-a)^{n+2}}{N^{n+1}}. \tag{1.29}$$

ou seja

Consideremos agora o valor de cn+1 para as fórmulas de quadratura mais simples

1.7.2. fórmula trapezoidal

para que

1.7.1. fórmula retangular

En este caso $m = 0$, $p_0 = 1$, $s_0 = \frac{1}{2}$ y $n = 1$, **así que**

$$F_2(t) = 1 \cdot K_1 \left(\frac{1}{2} - t\right) - \frac{(1-t)^2}{2}$$

$$= \begin{cases} \frac{1}{2} - t & t \le \frac{1}{2} \\ 0 & t > \frac{1}{2} \end{cases} - \frac{(1-t)^2}{2} = \begin{cases} -\frac{t^2}{2} & t \le \frac{1}{2} \\ -\frac{(1-t)^2}{2} & t > \frac{1}{2} \end{cases}$$

$$c_2 - \int_{0}^{1} |F_2(t)| - \frac{1}{24}.$$

En este caso $m = 1$, $p_0 = p_1 = \frac{1}{2}$, $s_0 = 0$, $s_1 = 1$ y $n = 1$, **así que**

$$F_2(t) - \frac{1}{2} \cdot K_1(-t) + \frac{1}{2} \cdot K_1(1-t) - \frac{(1-t)^2}{2}$$

$$-\frac{1}{2}\begin{cases} -t & t \le 0 \\ 0 & t > 0 \end{cases} + \frac{1}{2}\begin{cases} 1-t & t \le 1 \\ 0 & t > 1 \end{cases} - \frac{(1-t)^2}{2} - \begin{cases} -\frac{t^2}{2} & t \le 0 \\ \frac{t(1-t)}{2} & 0 < t \le 1 \\ -\frac{(1-t)^2}{2} & t > 1 \end{cases}$$

por lo que

$$c_2 - \int_0^1 |F_2(t)| - \frac{1}{12}.$$

A fórmula dos Simpsons

En este caso $m - 2$, $p_0 - p_2 - \frac{1}{6}$, $p_1 - \frac{2}{3}$, $s_0 - 0$, $s_1 - \frac{1}{2}$, $s_2 - 1$ y $n - 3$, **así que**

assim

$$F_4(t) - \frac{1}{6} \cdot K_3(-t) + \frac{2}{3} \cdot K_3\left(\frac{1}{2} - t\right) + \frac{1}{6} \cdot K_3(1-t) - \frac{(1-t)^4}{24}$$

$$-\frac{1}{6}\begin{cases} -\frac{t^3}{6} & t \le 0 \\ 0 & t > 0 \end{cases} + \frac{2}{3}\begin{cases} \frac{1}{6}\left(\frac{1}{2}-t\right)^3 & t \le \frac{1}{2} \\ 0 & t > \frac{1}{2} \end{cases} + \frac{1}{6}\begin{cases} \frac{1}{6}(1-t)^3 & t \le 1 \\ 0 & t > 1 \end{cases}$$
$$- \frac{(1-t)^4}{24}$$

$$-\begin{cases} -\frac{t^4}{24} & t \le 0 \\ \frac{1}{72}t^3(2-3t) & 0 < t \le \frac{1}{2} \\ \frac{1}{72}(1-t)^3(3t-1) & \frac{1}{2} < t \le 1 \\ -\frac{1}{24}(1-t)^4 & t > 1 \end{cases}$$

1.8. fórmula tetranodal de Simpson

$$c_4 = \int_0^1 |F_4(t)| = \frac{1}{2880}.$$

Neste caso

n = 3, ou seja

$m - 3$, $p_0 - p_3 - \frac{1}{8}$, $p_1 - p_2 - \frac{3}{8}$, $s_0 - 0$, $s_1 - \frac{1}{3}$, $s_2 - \frac{2}{3}$, $s_3 - 1$ y

assim

$$F_4(t) = \frac{1}{8} \cdot K_3\left(-t\right) + \frac{3}{8} \cdot K_3\left(\frac{1}{3} - t\right) + \frac{3}{8} \cdot K_3\left(\frac{2}{3} - t\right) + \frac{1}{8} \cdot K_3\left(1 - t\right) - \frac{(1-t)^4}{24}$$

$$= \frac{1}{8} \begin{cases} -\frac{t^3}{6} & t \leq 0 \\ 0 & t > 0 \end{cases} + \frac{3}{8} \begin{cases} \frac{1}{6}\left(\frac{1}{3} - t\right)^3 & t \leq \frac{1}{3} \\ 0 & t > \frac{1}{3} \end{cases} + \frac{3}{8} \begin{cases} \frac{1}{6}\left(\frac{2}{3} - t\right)^3 & t \leq \frac{2}{3} \\ 0 & t > \frac{2}{3} \end{cases}$$

$$+ \frac{1}{8} \begin{cases} \frac{1}{6}\left(1 - t\right)^3 & t \leq 1 \\ 0 & t > 1 \end{cases} - \frac{(1-t)^4}{24}$$

$$= \begin{cases} -\frac{t^4}{24} & t \leq 0 \\[2mm] \frac{1}{72}t^3(2 - 3t) & 0 < t \leq \frac{1}{3} \\[2mm] -\frac{1}{432}(1 - 3t + 3t^2)(1 - 6t + 6t^2) & \frac{1}{3} < t \leq \frac{2}{3} \\[2mm] -\frac{1}{48}(1 - t)^3(1 - 2t) & \frac{2}{3} < t \leq 1 \\[2mm] -\frac{1}{24}(1 - t)^4 & t > 1 \end{cases}$$

$$c_4 - \int_0^1 |F_4(t)| - \frac{1}{6480} \cdot$$

CAPÍTULO II

MÉTODO DE QUADRATURA NUMÉRICA BASEADO EM POLINÓMIOS INTERPOLANTES DE LAGRANGE DE CINCO E SEIS NÓS

Peso para a forma de cinco nós

Tendo em conta [(1.16)](1.16), obtemos o sistema $m = 4,\ s_0 = 0,\ s_1 = \frac{1}{4},\ s_2 = \frac{1}{2},\ s_3 = \frac{3}{4}$ y $s_4 = 1.$

cuja solução é representada pelos pesos

$$
\begin{cases}
p_0 & + & p_1 & + & p_2 & + & p_3 & + & p_4 & = & 1, \\
 & & \frac{1}{4}p_1 & + & \frac{1}{2}p_2 & + & \frac{3}{4}p_3 & + & p_4 & = & \frac{1}{2}, \\
 & & \frac{1}{16}p_1 & + & \frac{1}{4}p_2 & + & \frac{9}{16}p_3 & + & p_4 & = & \frac{1}{3}, \\
 & & \frac{1}{64}p_1 & + & \frac{1}{8}p_2 & + & \frac{27}{64}p_3 & + & p_4 & = & \frac{1}{4}, \\
 & & \frac{1}{256}p_1 & + & \frac{1}{16}p_2 & + & \frac{81}{256}p_3 & + & p_4 & = & \frac{1}{5}.
\end{cases}
$$

2.2 Erro para a forma de cinco nós

Assim, com

Neste caso

$$
p_0 = \frac{7}{90},\ p_1 = \frac{16}{45},\ p_2 = \frac{2}{15},\ p_3 = \frac{16}{45},\ p_4 = \frac{7}{90}.
$$

En este caso $m = 4,\ p_0 = p_4 = \frac{7}{90},\ p_1 = p_3 = \frac{16}{45},\ p_2 = \frac{2}{15},\ s_0 = 0,\ s_1 = \frac{1}{4},\ s_2 = \frac{1}{2},$ $s_3 = \frac{3}{4},\ s_4 = 1$ y $n = 5$, así que

assim

$$
F_6(t) = \frac{7}{90} \cdot K_4(-t) + \frac{16}{45} \cdot K_4\left(\frac{1}{4} - t\right) + \frac{2}{15} \cdot K_4\left(\frac{1}{2} - t\right) + \frac{16}{45} \cdot K_4\left(\frac{3}{4} - t\right)
$$
$$
+ \frac{7}{90} \cdot K_4(1 - t) - \frac{(1 - t)^6}{720}
$$

$$= \frac{7}{90} \begin{cases} -\frac{t^5}{120} & t \le 0 \\ 0 & t > 0 \end{cases} + \frac{16}{45} \begin{cases} \frac{1}{120}\left(\frac{1}{4}-t\right)^5 & t \le \frac{1}{4} \\ 0 & t > \frac{1}{4} \end{cases} + \frac{2}{15} \begin{cases} \frac{1}{120}\left(\frac{1}{2}-t\right)^5 & t \le \frac{1}{2} \\ 0 & t > \frac{1}{2} \end{cases}$$

$$+ \frac{16}{45} \begin{cases} \frac{1}{120}\left(\frac{3}{4}-t\right)^5 & t \le \frac{3}{4} \\ 0 & t > \frac{3}{4} \end{cases} + \frac{7}{90} \begin{cases} \frac{1}{120}(1-t)^5 & t \le 1 \\ 0 & t > 1 \end{cases} - \frac{(1-t)^6}{720}$$

$$- \begin{cases} -\frac{t^6}{720} & t \le 0 \\[2mm] \frac{1}{10800} t^5(7-15t) & 0 < t \le \frac{1}{4} \\[2mm] \frac{-1 + 20t - 160t^2 + 640t^3 - 1280t^4 + 1248t^5 - 480t^6}{345600} & \frac{1}{4} < t \le \frac{1}{2} \\[2mm] \frac{-13 + 140t - 640t^2 + 1600t^3 - 2240t^4 + 1632t^5 - 480t^6}{345600} & \frac{1}{2} < t \le \frac{3}{4} \\[2mm] -\frac{(1-t)^5(8-15t)}{10800} & \frac{3}{4} < t \le 1 \\[2mm] -\frac{1}{720}(1-t)^6 & t > 1 \end{cases}$$

$$c_6 = \int_0^1 |F_6(t)| = \frac{1}{1935360}.$$

Peso para a forma de seis nós

Neste caso
$$m = 5, \, s_0 = 0, \, s_1 = \frac{1}{5}, \, s_2 = \frac{2}{5}, \, s_3 = \frac{3}{5}, \, s_4 = \frac{4}{5} \text{ y } s_5 = 1$$

$$\begin{cases} p_0 + p_1 + p_2 + p_3 + p_4 + p_5 = 1, \\[2mm] \frac{1}{4}p_1 + \frac{1}{2}p_2 + \frac{3}{4}p_3 + p_4 = \frac{1}{2}, \\[2mm] \frac{1}{16}p_1 + \frac{1}{4}p_2 + \frac{9}{16}p_3 + p_4 = \frac{1}{3}, \\[2mm] \frac{1}{64}p_1 + \frac{1}{8}p_2 + \frac{27}{64}p_3 + p_4 = \frac{1}{4}, \\[2mm] \frac{1}{256}p_1 + \frac{1}{16}p_2 + \frac{81}{256}p_3 + p_4 = \frac{1}{5}. \end{cases}$$

Moda que,

tendo em conta (1.16), obtemos o sistema

cuja solução é representada pelos pesos

$$p_0 = \frac{19}{288}, \; p_1 = \frac{25}{96}, \; p_2 = \frac{25}{144}, \; p_3 = \frac{25}{144}, \; p_4 = \frac{25}{96}, \; p_5 = \frac{19}{288}.$$

Erro para a forma com seis nós

En este caso $m - 5$, $p_0 - p_5 - \frac{19}{288}$, $p_1 - p_4 - \frac{25}{96}$, $p_2 - p_3 - \frac{25}{144}$, $s_0 - 0$, $s_1 - \frac{1}{5}$,

$s_2 - \frac{2}{5}$, $s_3 - \frac{3}{5}$, $s_4 - \frac{4}{5}$, $s_5 - 1$ y $n - 5$, así que

$$F_6(t) = \frac{19}{288} \cdot K_4(-t) + \frac{25}{96} \cdot K_4\left(\frac{1}{5} - t\right) + \frac{25}{144} \cdot K_4\left(\frac{2}{5} - t\right) + \frac{25}{144} \cdot K_4\left(\frac{3}{5} - t\right)$$
$$+ \frac{25}{96} \cdot K_4\left(\frac{4}{5} - t\right) + \frac{19}{288} \cdot K_4(1 - t) - \frac{(1-t)^6}{720}$$

$$-\frac{19}{288}\begin{cases} -\frac{t^5}{120} & t \le 0 \\ 0 & t > 0 \end{cases} + \frac{25}{96}\begin{cases} \frac{1}{120}\left(\frac{1}{5} - t\right)^5 & t \le \frac{1}{5} \\ 0 & t > \frac{1}{5} \end{cases} + \frac{25}{144}\begin{cases} \frac{1}{120}\left(\frac{2}{5} - t\right)^5 & t \le \frac{2}{5} \\ 0 & t > \frac{2}{5} \end{cases}$$

$$+ \frac{25}{144}\begin{cases} \frac{1}{120}\left(\frac{3}{5} - t\right)^5 & t \le \frac{3}{5} \\ 0 & t > \frac{3}{5} \end{cases} + \frac{25}{96}\begin{cases} \frac{1}{120}\left(\frac{4}{5} - t\right)^5 & t \le \frac{4}{5} \\ 0 & t > \frac{4}{5} \end{cases}$$

$$+ \frac{19}{288}\begin{cases} \frac{1}{120}(1 - t)^5 & t \le 1 \\ 0 & t > 1 \end{cases} - \frac{(1-t)^6}{720}$$

$$- \begin{cases} -\frac{t^6}{720} & t \leq 0 \\[2mm] \frac{1}{34560}t^5(19-15t) & 0 < t \leq \frac{1}{5} \\[2mm] \frac{-3+75t-750t^2+3750t^3-9375t^4+11750t^5-6000t^6}{4320000} & \frac{1}{5} < t \leq \frac{2}{5} \\[2mm] \frac{-67+875t-1750t^2+13750t^4-21875t^4+18000t^5-6000t^6}{4320000} & \frac{2}{5} < t \leq \frac{3}{5} \\[2mm] \frac{-553+4925t-18250t^2+36250t^3-40625t^4+24250t^5-6000t^6}{4320000} & \frac{3}{5} < t \leq \frac{4}{5} \\[2mm] -\frac{(1-t)^5(29-48t)}{34560} & \frac{4}{5} < t \leq 1 \\[2mm] -\frac{1}{720}(1-t)^6 & t > 1 \end{cases}$$

$$c_6 = \int\limits_0^1 |F_6(t)| = \frac{11}{37800000}.$$

CAPÍTULO III

DESENVOLVIMENTO DE PROGRAMAS EM *MATHEMATICA*

3.1. *Mathematica*

O Mathematica é um programa utilizado nos domínios científico, técnico, matemático e computacional. Foi originalmente concebido por Stephen Wolfram, que ainda dirige o grupo de matemáticos e programadores que desenvolvem o produto na Wolfram Research, uma empresa sediada em Champaign, Illinois. *O Mathematica* é geralmente considerado como um sistema algébrico computacional, mas é também uma poderosa linguagem de programação.

3.1.1. Resumo

A primeira versão do *Mathematica* foi publicada em 1988. Em 18 de novembro de 2008, a Wolfram Research anunciou o lançamento do *Mathematica* 7. A versão 8, lançada em 15 de novembro de 2010, está disponível para um grande número de sistemas operativos.

O Mathematica divide-se em duas partes: o núcleo, que efectua os cálculos. E o "frontend" ou interface que apresenta os resultados e permite ao utilizador

interagem com o kernel como se fosse um documento. Para a comunicação entre o kernel e a interface (ou qualquer outro cliente), *o Mathematica usa* o protocolo MathLink, muitas vezes através de uma rede. É possível que diferentes interfaces se conectem ao mesmo kernel, e que uma interface se conecte a vários kernels.

Ao contrário de outros sistemas de álgebra computacional, como o *Maxima* ou o *Maple, o Mathematica* tenta usar as regras de transformação que conhece num dado momento o maior número de vezes possível e atingir um ponto estável.

O Mathematica é atualmente reconhecido como uma das melhores aplicações informáticas do mundo.

3.2. *Mathematica 7.0* Online Requisitos de sistema

Informações gerais :

> **Requisitos:**
>> ■ Adobe Flash Player 10.1 ou superior para todos os utilizadores,

- Largura de banda mínima: 256 kb/seg (recomenda-se 512 kb/seg).

Recomendações:

- Resolução do ecrã 1024 x 768,

- Ligação DSL/cabo,

  Desativar a VPN (Rede Privada Virtual), se tiver uma.

Janela :

7 :

- Home Premium, Professional ou Ultimate (edição de 32 bits ou edição de 64 bits com navegador de 32 bits),

- Microsoft Internet Explorer 6, 7 ou 8; Mozilla Firefox 2.x ou 3.x; ou Google Chrome,

- Processador Intel Pentium 4 de 1,4 GHz ou mais rápido (ou equivalente),

- 512 MB de RAM (recomenda-se 1 GB).

Ver:

- Home Premium, Business, Ultimate ou Enterprise,

- Microsoft Internet Explorer 6, 7 ou 8; Mozilla Firefox 2.x ou 3.x; ou Google Chrome,

- Processador Intel Pentium 4 de 2 GHz ou mais rápido (ou equivalente),

- 1 GB de RAM (recomenda-se 2 GB).

XP :

- Professional ou Home Edition com o Service Pack 2,

- Microsoft Internet Explorer 6, 7 ou 8; Mozilla Firefox 2.x ou 3.x; ou Google Chrome,

- Processador Intel Pentium 4 de 1,4 GHz ou mais rápido (ou equivalente), 512 MB de RAM (recomenda-se 1 GB).

3.3. Paradigma de programação

Um paradigma de programação é uma forma particular de efetuar cálculos. Uma linguagem de programação segue sempre um paradigma ou uma mistura de vários paradigmas. O *Mathematica, por exemplo,* suporta vários paradigmas de programação:

Programação imperativa, com procedimentos, diferentes tipos de loops e iterações, condicionais, recursão, etc. Neste sentido, está muito próxima de linguagens de programação como o C ou o PASCAL.

Programação funcional, com funções puras, operadores funcionais e listas. Muito semelhante ao

25

LISP.

Programação baseada em regras de transformação, com modelos e uma orientação por objectos, uma tendência seguida atualmente por muitas linguagens de programação, como o C++.

Destes três tipos de programação, devemos escolher o que melhor se adapta aos nossos objectivos. No entanto, devido à natureza simbólica do *Mathematica*, a programação funcional e a programação baseada em regras de transformação resultam em programas mais eficientes e fáceis de compreender.

3.4. Programação funcional

3.4.1. Origens

As origens da programação funcional remontam ao matemático Alonzo Church, que trabalhava na Universidade de Princeton e que, tal como outros matemáticos da AC, se interessava pela matemática abstrata, em particular pela capacidade de computação de certas máquinas abstractas. As questões que colocava a si próprio eram, por exemplo, as seguintes: Se tivéssemos máquinas com um poder de computação ilimitado, que tipos de problemas poderiam ser resolvidos, ou será que todos os problemas poderiam ser resolvidos?

Para responder a estas questões, Church desenvolveu uma linguagem abstrata, chamada lambda-calculus, que apenas avaliava expressões utilizando funções como mecanismo de cálculo. Esta linguagem abstrata não tinha em conta qualquer tipo de restrições concretas de implementação.

Ao mesmo tempo que Church, outro matemático, Alan Turing, desenvolveu uma máquina abstrata numa tentativa de resolver os mesmos problemas temporais levantados por Church. As duas abordagens revelaram-se posteriormente equivalentes.

Os primeiros computadores digitais foram construídos de acordo com um esquema arquitetónico conhecido como Von Neumann, que é, de facto, uma transposição da máquina de Turing para uma máquina real. De certa forma, esta máquina impôs a linguagem em que os seus programas foram escritos, nomeadamente o paradigma processual, que, como Backus refere num artigo muito famoso escrito por ocasião da atribuição do prémio Turing em 1978 (Backus 1978), tem tantas falhas que muitos programadores ainda hoje sofrem com isso.

A programação funcional afasta-se desta conceção da máquina e tenta adaptar-se mais à forma como os problemas são resolvidos do que às construções linguísticas necessárias para funcionar nessa máquina. Por exemplo, uma condição da máquina de Von Neumann é a memória, pelo que os programas processuais têm variáveis. No entanto, na programação puramente funcional, as variáveis não são necessárias, porque a memória não é considerada necessária e um programa pode ser entendido como uma avaliação contínua de funções sobre funções. Por outras palavras, a programação funcional tem um estilo computacional que segue a avaliação de funções matemáticas e evita estados intermédios e a modificação de dados durante este processo.

26

Atualmente, existem várias linguagens funcionais. Uma das primeiras linguagens funcionais foi o LISP, que ainda hoje é utilizado, nomeadamente no domínio da inteligência artificial. Outra pioneira deste paradigma é a linguagem APL, desenvolvida na década de 1960 (Iverson 1962). A linha funcional foi enriquecida nos anos 70 com a contribuição de Robin Milner, da Universidade de Edimburgo, para o desenvolvimento da linguagem ML. Esta linguagem foi depois dividida em vários dialectos, como o Objective Caml e o Standard ML. No final dos anos 80, um comité criou a linguagem Haskell para reunir as ideias dispersas pelas várias linguagens funcionais (uma tentativa de normalizar o paradigma). Este ano, a Microsoft Research adicionou uma nova linguagem (funcional), F#, à sua plataforma .NET.

3.4.2. O que é a programação funcional?

Dado o nome do paradigma, sabemos basicamente que o conceito central é o de função, que corresponde ao que entendemos por funções em matemática. Por exemplo, podemos *escrever* na linguagem funcional *do Mathematica :*

fatorial[0] := 1
fatorial [n_] := n*(n - 1) / ; IntegerQ[n] / ; n > 0

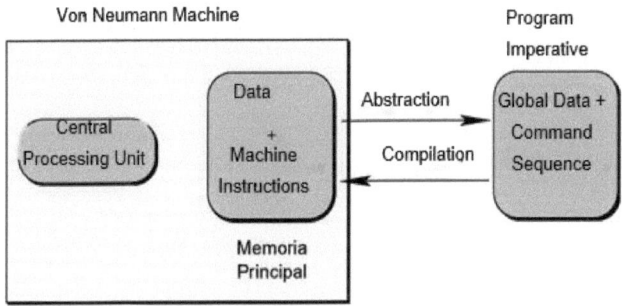

Imperative model (de Labra 1998)

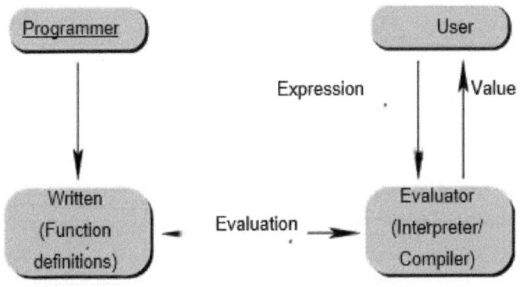

27

Modelo imperativo (de Labra 1998)

Figura 3.1. Comparação entre o modelo imperativo e o modelo funcional (Labra 98).

Esta é uma função simples, semelhante à que conhecemos da matemática da escola, que nos permite calcular o fatorial de um número inteiro (veja a definição de fatorial abaixo). Compare esta linha de código Haskell com a seguinte linha numa linguagem como C# :

```
unsigned factorial (unsigned n)
{
  int product = 1;    // valor inicial
  while (n > 1)
  {
    product *= n--;   // acumulador
  }
  return product;     // resultado
}
```

Este exemplo é muito simples e as duas partes do código são muito semelhantes. No entanto, a definição do Mathematica está muito mais próxima da matemática:

$$0 ! = 1,$$
$$n ! = n \times (n - 1), \quad n \in Z, n > 0.$$

A questão que nos colocamos agora é se podemos criar programas complexos simplesmente utilizando funções. É fácil responder a esta pergunta descrevendo as principais características deste tipo de linguagem.

Como exemplo introdutório, vamos ver como é que o programa de ordenação QuickSort seria escrito em *Mathematica* :

```
quicksort[{}] := {}

quicksort[{h_, t___}] := Join[ quicksort[Select[{t}, # < h &]],

                               {h},

                               quicksort[Select[{t}, # >= h &]]  ]
```

Neste caso, obtém-se um programa muito simples e curto, que *retira a* sua força da capacidade do *Mathematica* para manipular listas ({ }) e para especificar funções recursivas. O Quicksort é definido recursivamente, usando a mesma definição matemática do algoritmo. Este algoritmo usa uma estratégia de divisão e cruzamento, na qual uma lista é dividida em duas sub-listas, a primeira contendo elementos menores ou iguais a um determinado valor (chamado de pivô) e a segunda contendo elementos maiores que um determinado valor.

28

Vamos agora comparar o programa funcional simples com um programa numa linguagem processual, como o C (Wikipedia 2008):

```
void quicksort(int* array, int left, int right)
{
    if(left >= right)
        return;

    int index = partition(array, left, right);
    quicksort(array, left, index - 1);


            quicksort(array, index + 1, right);
        }


        int partition(int* array, int left, int right)
        {
            findMedianOfMedians(array, left, right);
            int pivotIndex = left, pivotValue = array[pivotIndex],
                index = left, i;

            swap(&array[pivotIndex], &array[right]);
            for(i = left; i < right; i++)
            {
                if(array[i] < pivotValue)
                {
```

```
                    swap(&array[i], &array[index]);

                    index += 1;

                }

        }

        swap(&array[right], &array[index]);

        return index;

}


int findMedianOfMedians(int* array, int left, int right)
{
    if(left == right)
        return array[left];


    int i, shift = 1;
    while(shift <= (right - left))
    {
        for(i = left; i <= right; i+=shift*5)
        {

            int endIndex = (i + shift*5 - 1 < right) ? i +
                shift*5 - 1 : right;
            int medianIndex = findMedianIndex(array, i,
                endIndex, shift);
            swap(&array[i], &array[medianIndex]);
        }
        shift *= 5;
    }
    return array[left];
```

```
}


int findMedianIndex(int* array, int left, int right, int shift)

{

    int i, groups = (right - left)/shift + 1, k = left +

        groups/2*shift;

    for(i = left; i <= k; i+= shift)

        {

            int minIndex = i, minValue = array[minIndex], j;

            for(j = i; j <= right; j+=shift)

                if(array[j] < minValue)

                {

                    minIndex = j;

                    minValue = array[minIndex];

                }

                swap(&array[i], &array[minIndex]);

        }

        return k;

    }

void swap(int* a, int* b)
{
    int temp;
    temp = *a;
    *a = *b;
    *b = temp;
}
```

Quadrature$[m,\ f(x),\ \{x,a,b\},\ n, \text{Sketch} \to val]$

3.5. Desenvolvimento de programas com o *Mathematica*

Para visualizar os resultados obtidos neste trabalho, desenvolvemos um pacote de software chamado

LagrangeQuadrature, que utiliza a programação funcional da linguagem *Mathematica pelas* razões explicadas nas secções anteriores deste capítulo.

3.5.1. O programa Quadratura

O programa de quadratura permite integrar funções de forma aproximada utilizando fórmulas de quadratura baseadas na interpolação de polinómios de Lagrange.

A sintaxe do programa Quadratura é a seguinte: Quadratura é o nome do programa, m é o grau do polinómio de Lagrange interpolador, $f(x)$ é a função cujo integral deve ser aproximado, {x,a, b} é o domínio de integração, n é o número de partes iguais em que o domínio é dividido, Sketch é a opção e val é o valor (Verdadeiro ou Falso) que o utilizador atribui a esta opção (o valor por defeito é Falso).

O código para o programa de quadratura é mostrado abaixo:


```
Desproteger[Potência];Potência[0,0]:=1;Potência[0.,0]:=1;Proteger[Potência] ;


Peso[m_integral/;m>-l]:=

Módulo [{s,pp,$p},

    s=Map[#~[Sigma]&,If[m==0,{1/2},Table[κ/m,{κ,0,m}] ] ] ;

    pp=Tabela[$p[k],{k,0,m}] ;

    pp/.Achatar[Resolver[Tabela[pp.s==l/(l+"Sigma"),{"Sigma",0,m}],pp]]] ]


Quadratura[m_integrador/;m>-1,fun_,{x_,a_,b_},n_integrador/;n>0,

        OptionsPattern[{Sketch->False}]]:=

Módulo[{f=função[x,fun],h=(b-a)/n,partes,i,j,k,

        polsx,Px,p,nodes,fnodes,dom,xi,cp,trap},
```

p=peso[m] ;

parts=Partition[(a+# h)&/@Range [0.,n],2,1]

nodos=Map[If[m==0,{(First[#]+Last[#])/2},

Table[(Last[#]- First[#])i/m+First[#],{i,0,m}]]&,parts];

fnodes=Mapa[f,nodes,{2}] ;

Se [OptionValue[Sketch] ,

dom=Mapa[Prepend[#,x]&,partes] ;

polsx=Mapa[Tabela[xi=Part[#,i];cp=Delete[#,i] ;

Times@@Map[(x-#)/(xi-#)&,cp],{i,m+1}]&,nodes]

Px=MapThread[#1.#2&,{polsx,fnodes}] ;

3.6. La F

O programa F pode ser utilizado para determinar a constante F_{n+1} (t) (ver 1.27) para o erro nas fórmulas de quadratura com base nos polinómios de interpolação de Lagrange.

A sintaxe do programa F é a seguinte: F é o nome do programa, m é o grau do polinómio interpolador de

```
trap=MapThread[Plot[#1,#2,PlotStyle->None,

        Filling->Axis,

        FillingStyle->Directive[EdgeForm[{Opacity[0.75],Blue}],

        Opacity[0.75],Pink],AxesOrigin->{0,0}]&,{Px,dom}];

    Show[trap,Plot[fun,{x,a,b},PlotStyle->Black],

        PlotRange->All,PlotLabel ->

            StyleForm[Row[{"Area Aproximada = ",

            Plus@@Map[p.#&,fnodos]*h}],FontSize->14]],

    Plus@@Map[p.#&,fnodos]*h]

]
```

$F[m, t, \text{Sketch} \rightarrow val]$

Lagrange, t é a variável a integrar, Symplify é a opção e *val* é o valor (Verdadeiro ou Falso) que o utilizador atribuirá a esta opção (o valor predefinido é
Falso).

O código do programa F é apresentado de seguida:

```
Subscrito[K, n_][Xi]_]:=

    \[Piecewise]\[Xi]"п/п! \[Xi]>=0 0 \[Xi]<0
```

```
F[m_Integer/;m>-1,t_,OptionsPattern[{Simplify->True}]]:=

    Módulo[{s,Sigma,p,$p,vp,n,Kn},

    n=2Floor[m/2]+1 ;

    s=Map[#~\[Sigma]&, If[m==0,{1/2},Table[к/m,{к,0,m}]]];

    p=Table[$p[k],{k,0,m}];
```

vp=p/.Flatten [Solve [Table[p.s==l/(l+\[Sigma]),{\[Sigma],0,m}],p]];

Kn=Mapa[Subscrito [K, n][#-t]&,

    If[m==0,{1/2},Table[k/m,{k,0,m}]]];

Se [OptionValue[Simplify],

    PiecewiseExpand[vp.Kn-(l-t)~(n+1)/(n+1) !]

      vp.Kn-(l-t)~(n+1)/(n+1) !]

]

3.7. O programa QError

O programa QError pode ser utilizado para obter um valor de dimensão$^{\cdots\wedge b\cdot a\cdot a}$, para $| D[f] |$

(ver 1.29).

    A sintaxe do programa QError é a seguinte: QError é o nome do programa, m é o grau do polinómio de Lagrange interpolador, $f(x)$ é a função cujo integral deve ser aproximado, $\{x, a, b\}$ é o intervalo de integração e N é o número de partições do intervalo [a, b].

    O código para o programa QError é mostrado abaixo:

QError[m_Integer/;m>-l,fun_,{x_,a_,b_},N_Integer/;N>01 : =

    Módulo[{f=função[x,fun],n,cnmasl,graf,aux,M},

    n=2Floor[m/2]+1 ;

    cnmasl=Integrar[Abs[F[m,t]]] ,{t,0,l]-]] ;
    graf=Plot[Avaliar[Abs[D[fun,{x,n+l}]]],{x,a,b]

    aux=Cases[graf,Line[{p} _____]:>p,Infinity]/. <p_,q_}:>q ;

    M=Floor[Max[aux]+l] ;

```
QError[m, f, {x, a, b}, N]
```

```
(cnmas1 M (b-a)^(n+2))/N^(n+1)
```

Exemplos concretos

Mathematica

Aproximación de $\displaystyle\int_{-1}^{1} \frac{1}{1+x^2}\,dx$, mediante $J_3\left[\frac{1}{1+x^2}\right]$ $(m=0)$.

In[1]:= $\mathbf{Quadrature}\left[0, \frac{1}{1+x^2}, \{x, -1, 1\}, 3\right]$

Out[1]= 1.58974

Mathematica

Aproximación de $\displaystyle\int_{1}^{1} \frac{1}{1+x^2}\,dx$, mediante $J_3\left[\frac{1}{1+x^2}\right]$ $(m=0)$ y su respectiva gráfica.

In[2]:= $\mathbf{Quadrature}\left[0, \frac{1}{1+x^2}, \{x, -1, 1\}, 3, Skecth \to True\right]$

Out[2]=
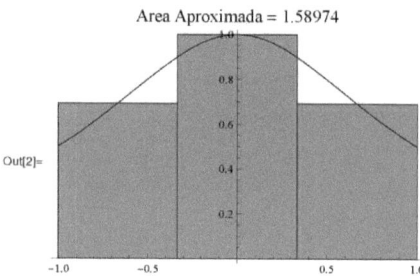
Area Aproximada $= 1.58974$

Mathematica

Cálculo de $F_{1+1}(t)$ sin simplificar $(m=0)$.

In[3]:= $\mathbf{F}[0, t, Simplify \to False]$

Out[3]= $-\frac{1}{2}(1-t)^2 + \begin{cases} \frac{1}{2} - t & \frac{1}{2} - t \geq 0 \\ 0 & \text{True} \end{cases}$

Mathematica

Cálculo de $F_{1+1}(t)$ simplificado ($m = 0$).

In[4]:= F[0, t]

Out[4]= $\begin{cases} -\frac{1}{2}(-1+t)^2 & t > \frac{1}{2} \\ -\frac{t^2}{2} & \text{True} \end{cases}$

Mathematica

Cálculo de $\int_0^1 |F_{1+1}(t)|\, dt$ ($m = 0$).

In[5]:= Integrate[Abs[F[0, t]], {t, 0, 1}]

Out[5]= $\frac{1}{24}$

Mathematica

Cálculo de una cota para $| D[f] |$.

In[6]:= QError$\left[0, \frac{1}{1+x^2}, \{x, -1, 1.\}, 3\right]$

Out[6]= 0.0740741

Mathematica

Aproximación de $\int_{-1}^{1} \frac{1}{1+x^2}\, dx$, mediante $J_3\left[\frac{1}{1+x^2}\right]$ ($m = 1$).

In[7]:= Quadrature$\left[1, \frac{1}{1+x^2}, \{x, -1, 1\}, 3\right]$

Out[7]= 1.53333

Mathematica

Aproximación de $\displaystyle\int_{-1}^{1} \frac{1}{1+x^2}\, dx$, mediante $J_3\left[\dfrac{1}{1+x^2}\right]$ $(m=1)$ y su respectiva gráfica.

In[8]:= $\mathbf{Quadrature}\left[1, \dfrac{1}{1+x^2}, \{x, -1, 1\}, 3, Skecth \to True\right]$

Out[8]=

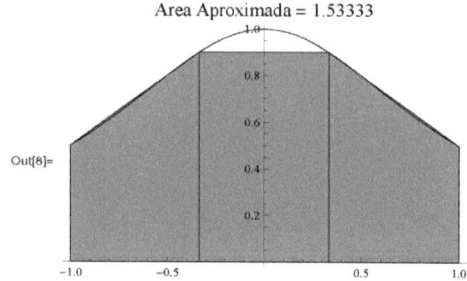

Area Aproximada = 1.53333

Mathematica

Cálculo de $F_{1+1}(t)$ sin simplificar $(m=1)$.

In[9]:= $\mathbf{F}[1, t, Simplify \to False]$

Out[9]= $-\dfrac{1}{2}(1-t)^2 + \dfrac{1}{2}\left(\begin{cases} 1-t & 1-t \geq 0 \\ 0 & \text{True} \end{cases}\right) + \dfrac{1}{2}\left(\begin{cases} -t & -t \geq 0 \\ 0 & \text{True} \end{cases}\right)$

Mathematica

Cálculo de $F_{1+1}(t)$ simplificado $(m=1)$.

In[10]:= $\mathbf{F}[0, t]$

Out[10]= $\begin{cases} -\dfrac{1}{2}(-1+t)^2 & t > 1 \\[2mm] -\dfrac{t^2}{2} & t \leq 0 \\[2mm] \dfrac{1}{2}\left(t - t^2\right) & \text{True} \end{cases}$

Mathematica

Cálculo de $\displaystyle\int_{0}^{1} |F_{1+1}(t)|\, dt$ $(m=1)$.

In[11]:= $\mathbf{Integrate}[Abs[\mathbf{F}[1, t]], \{t, 0, 1\}]$

Out[11]= $\dfrac{1}{12}$

Cálculo de una cota para $|D[f]|$.

In[12]:= $\texttt{QError}\left[1, \dfrac{1}{1 + x^2}, \{x, -1, 1.\}, 3\right]$

Out[12]= 0.148148

Aproximación de $\displaystyle\int_{-1}^{1} \dfrac{1}{1 + x^2}\,dx$, mediante $J_3\left[\dfrac{1}{1 + x^2}\right]$, para $m = 0, 1, 2, 3, 4, 5$, respectivamente.

In[13]:= $\texttt{Quadrature}\left[\#, \frac{1}{1+x^2}, \{x, -1, 1\}, 3\right]$ $\&/@Range[0, 5]$

Out[13]= $\{1.58974, 1.53333, 1.57094, 1.57085, 1.57079, 1.57079\}$

Aproximación de $\displaystyle\int_{-1}^{1} \dfrac{1}{1 + x^2}\,dx$, mediante $J_3\left[\dfrac{1}{1 + x^2}\right]$, para $m = 0, 1, 2, 3, 4, 5$, respectivamente; así como sus correspondientes gráficas.

In[14]:= $\texttt{Quadrature}\left[\#, \frac{1}{1+x^2}, \{x, -1, 1\}, 3, Sketch \to True\right]$ $\&/@Range[0, 5]$

Out[14]= {

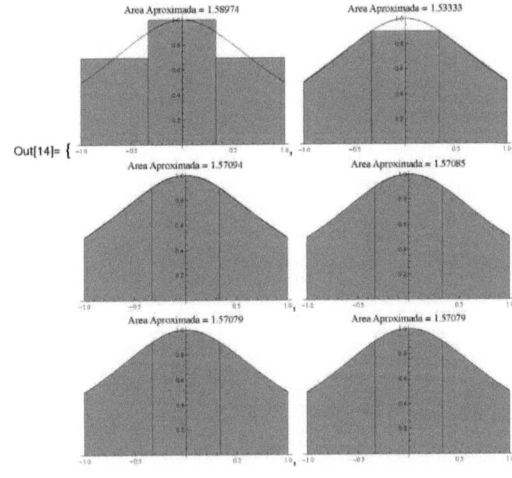

}

Aproximación de $\int_0^4 f(x)\,dx$, mediante $J_3\,[f]$, para $m = 0,1,2,3,4,5$, respectivamente. En este caso

$f(x) = 5 + x\operatorname{sen}(0.8x^{1.7} - 0.2)$.

In[15]:= $\mathbf{Quadrature}\left[\#, 5 + xSin\left[0.8x^{1.7} - 0.2\right], \{x, 0, 4\}, 3\right]$ &/@$Range[0, 5]$

Out[15]= $\{20.7141, 21.2748, 20.901, 21.0561, 21.1672, 21.1602\}$

Aproximación de $\int_0^4 f(x)\,dx$, mediante $J_3\,[f]$, para $m = 0,1,2,3,4,5$, respectivamente; así como sus

correspondientes gráficas. En este caso $f(x) = 5 + x\operatorname{sen}(0.8x^{1.7} - 0.2)$.

In[16]:= $\mathbf{Quadrature}\left[\#, \frac{1}{1+x^2}, \{x, -1, 1\}, 3, Sketch \to True\right]$ &/@$Range[0, 5]$

Out[16]= { 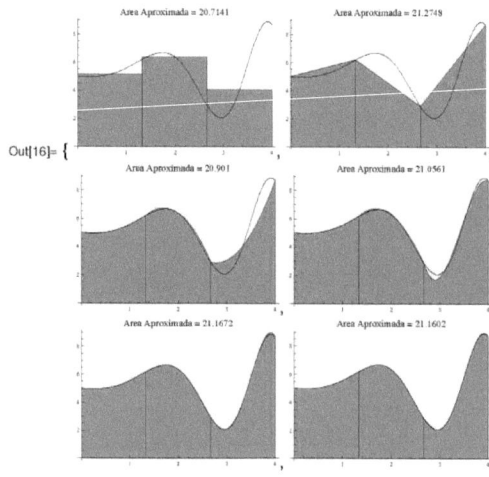 }

Aproximación de $\int_{-1}^1 \frac{1}{1 + x^2}\,dx$, mediante $J_{20}\left[\frac{1}{1+x^2}\right]$ $(m = 0)$, su cota de error y su respectiva gráfica.

In[17]:= $\{\mathbf{Quadrature}\left[0, \frac{1}{1 + x^2}, \{x, -1, 1\}, 20\right], \mathbf{QError}\left[0, \frac{1}{1 + x^2}, \{x, -1, 1.\}, 20\right]\}$

Out[17]=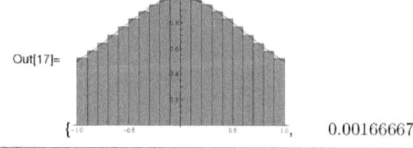

$0.00166667\}$

Aproximación de $\int_{-1}^{1} \frac{1}{1+x^2}\,dx$, mediante $J_{20}\left[\frac{1}{1+x^2}\right]$ $(m = 5)$, su cota de error y su respectiva gráfica.

In[18]:= $\left\{\texttt{Quadrature}\left[5, \frac{1}{1+x^2}, \{x, -1, 1\}, 20\right], \texttt{QError}\left[5, \frac{1}{1+x^2}, \{x, -1, 1.\}, 20\right]\right\}$

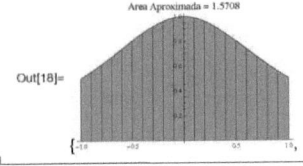

Area Aproximada = 1.5708

Out[18]=

$\{$, $7.44047619047619 \times 10^{-10}\}$

Aproximación de $\int_{0}^{4}[5 + x\,\mathrm{sen}(0.8x^{1.7} - 0.2)]\,dx$, mediante $J_{20}\left[5 + x\,\mathrm{sen}(0.8x^{1.7} - 0.2)\right]$ $(m = 5)$, su cota de error y su respectiva gráfica.

In[19]:= $\{\texttt{Quadrature}\left[5, 5 + xSin(0.8x^{1.7} - 0.2), \{x, -1, 1\}, 20\right],$

$\texttt{QError}\left[5, 5 + xSin\left[0.8x^{1.7} - 0.2\right], \{x, 0, 4.\}, 20\right]\}$

3.8. O Mathematica suporta a generalização de fórmulas de quadratura para mais de seis nós

Nesta secção, gostaríamos de salientar a importância do software científico para a obtenção rápida de resultados manuais demorados.

Em primeiro lugar, deve notar-se que, de acordo com os resultados teóricos, existe o chamado *fenómeno de oscilação do* polinómio de Lagrange, que é acentuado quando o número de pontos a interpolar aumenta. Por esta razão, é de esperar que as fórmulas de quadratura "herdem" esta desvantagem e, por conseguinte, não forneçam uma aproximação satisfatória quando o número de nós aumenta significativamente.

De seguida, analisam-se dois casos: o primeiro é um modelo em quadratura com 26 nós, ou seja, quando m = 25, e o segundo com 81 nós (m = 80).

Pesos obtidos para o modelo de quadratura com 26 nós.

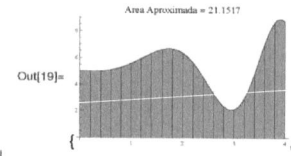

Out[19]= { $6.889515343915344 \times 10^{-7}$ }

In[1]:=   wei

Uma vez calculados estes valores em poucos segundos, é agora possível desenvolver um algoritmo de aproximação para o integral com um modelo de 26 nós e mesmo encontrar uma coordenada para cada erro.

Out[1]= { $\dfrac{60007955763677117933251}{6504284685049895690698752}$, $\dfrac{33075905219352921683125}{34233077289736293108408}$, $-\dfrac{349352779948538125}{1416922129562075136}$,

$\dfrac{110400134105091284803812 5}{81303558563123696133734 4}$, $-\dfrac{16026024713734004542886875}{32521423425249478453493 76}$, $\dfrac{876117816280336470860 75}{57357007804672801505 28}$,

$-\dfrac{34126253168706842820062 5}{89344569849586479267 84}$, $\dfrac{729654346718408568385625}{92390407458095109242 88}$, $-\dfrac{119534602515698795093937 5}{89222012140602135674 88}$,

$\dfrac{1722657238310077814564818 75}{92918352643569938438553 6}$, $-\dfrac{41237224277480795733027025}{20325889640780924033433 6}$, $\dfrac{81070265111278621309187 5}{50187381829088701317 12}$,

$-\dfrac{143833628486121677000243 75}{23229588160892484609638 4}$, $-\dfrac{143833628486121677000243 75}{23229588160892484609638 4}$, $\dfrac{810702651112786213091875}{50187381829088701317 12}$,

$\dfrac{41237224277480795733027025}{20325889640780924033433 6}$, $\dfrac{1722657238310077814564818 75}{92918352643569938438553 6}$, $-\dfrac{119534602515698795093937 5}{89222012140602135674 88}$,

$\dfrac{729654346718408568385625}{92390407458095109242 88}$, $-\dfrac{341262531687068428200625}{89344569849586479267 84}$, $\dfrac{876117816280336470860 75}{57357007804672801505 28}$,

$-\dfrac{16026024713734004542886875}{32521423425249478453493 76}$, $\dfrac{110400134105091284803812 5}{81303558563123696133734 4}$, $-\dfrac{349352779948538125}{1416922129562075136}$,

$\dfrac{33075905219352921683125}{34233077289736293108408}$, $\dfrac{60007955763677117933251}{6504284685049895690698752}$ }

Mathematica

Obtención de $\int_0^1 |F_{25+1}| \, dt$.

In[2]:= **Integrate**$[Abs[F[25, t]], \{t, 0, 1\}]$

Out[2]= $\dfrac{1485897167647842239}{242390152147440969944000244140625000000000000000000000000000}$

No nosso caso, não foi necessário programar separadamente os resultados aqui obtidos, pois o nosso programa de quadratura é de natureza genérica, ou seja, está concebido para tratar todos os casos de modelos de quadratura a partir de polinómios de Lagrange e o seu único limite é a capacidade de memória do computador utilizado. Salientamos ainda que não incluímos o cálculo de F_{25+1} (t), uma vez que o resultado obtido com o programa F é muito extenso.

Aproximación de $\int_0^4 |5 + x\,\mathrm{sen}(0.8x^{1.7} - 0.2)|\,dx$, mediante $J_{20}\left[5 + x\,\mathrm{sen}(0.8x^{1.7} - 0.2)\right]$ $(m = 25)$, su

cota de error y su respectiva gráfica.

In[3]:= $\{\mathbf{Quadrature}\left[25, 5 + xSin(0.8x^{1.7} - 0.2), \{x, 0, 4\}, 20\right]$,

$\qquad \mathbf{QError}\left[25, 5 + xSin\left[0.8x^{1.7} - 0.2\right], \{x, 0, 4.\}, 20\right]\}$

Out[3]=

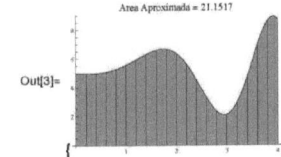

Area Aproximada = 21.1517

$\{ \qquad\qquad\qquad 3.739140203486812 \times 10^{-33}\}$

Pesos obtidos para o modelo de quadratura com 81 nós.

In[4]:= $\mathbf{weights}[80]$

Out[4]= $\{0.00231753, 0.0560854, -0.728501, 12.309, -174.994, 2122.14, -22169.9, 202135., -1.62738 \times 10^6,$

$1.16859 \times 10^7, -7.5486 \times 10^7, 4.41821 \times 10^8, -2.35771 \times 10^9, 1.15321 \times 10^{10}, -5.19408 \times 10^{10}, 2.16288 \times$

$10^{11}, -8.35632 \times 10^{11}, 3.00474 \times 10^{12}, -1.00834 \times 10^{13}, 3.16575 \times 10^{13}, -9.31904 \times 10^{13}, 2.57715 \times$

$10^{14}, -6.70726 \times 10^{14}, 1.64541 \times 10^{15}, -3.81019 \times 10^{15}, 8.33905 \times 10^{15}, -1.72697 \times 10^{16}, 3.38768 \times$

$10^{16}, -6.30049 \times 10^{16}, 1.11189 \times 10^{17}, -1.86333 \times 10^{17}, 2.96718 \times 10^{17}, -4.49243 \times 10^{17}, 6.47028 \times$

$10^{17}, -8.86873 \times 10^{17}, 1.15734 \times 10^{18}, -1.43833 \times 10^{18}, 1.70281 \times 10^{18}, -1.92074 \times 10^{18}, 2.06455 \times$

$10^{18}, -2.11482 \times 10^{18}, 2.06455 \times 10^{18}, -1.92074 \times 10^{18}, 1.70281 \times 10^{18}, -1.43833 \times 10^{18}, 1.15734 \times 10^{18},$

$8.86873 \cdot 10^{17}, 6.47028 \cdot 10^{17}, 4.19243 \cdot 10^{17}, 2.96718 \cdot 10^{17}, 1.86433 \cdot 10^{17}, 1.11189 \cdot$

$10^{17}, -6.30040 \cdot 10^{16}, 3.38768 \cdot 10^{16}, -1.72607 \cdot 10^{16}, 8.33905 \cdot 10^{15}, -3.81010 \cdot$

$10^{15}, 1.64541 \cdot 10^{15}, 6.70726 \cdot 10^{14}, 2.57715 \cdot 10^{14}, 9.31904 \cdot 10^{13}, 3.16576 \cdot$

$10^{13}, -1.00834 \cdot 10^{13}, 3.00474 \cdot 10^{13}, -8.35632 \cdot 10^{12}, 2.16288 \cdot 10^{11}, -5.19408 \cdot$

$10^{10}, 1.15421 \cdot 10^{10}, 2.35771 \cdot 10^{9}, 4.41821 \cdot 10^{8}, 7.5186 \cdot 10^{7}, 1.16859 \cdot 10^{7}, 1.62738 \cdot$

$10^{5}, 20213\overline{5}., -22169.9, 2122.14, -174.094, 12.309, -0.728501, 0.0560864, 0.00231753\}$

Obtención de $\int_0^1 |F_{81+1}| \, dt$.

In[5]:= $\mathbf{Integrate}[Abs[\mathbf{F}[80, t]], \{t, 0, 1\}]$

Out[5]= $4.1291621323445255^{-162}$

Aproximación de $\int_0^4 [5 + x\,\mathrm{sen}(0.8x^{1.7} - 0.2)] \, dx$, mediante $J_1 [5 + x\,\mathrm{sen}(0.8x^{1.7} - 0.2)]$ $(m = 80)$ y su respectivo gráfico.

In[6]:= $\{\mathbf{Quadrature}\,[80, 5 + xSin(0.8x^{1.7} - 0.2), \{x, 0, 4\}, 1]\,,$

$\mathbf{QError}\,[80, 5 + xSin\,[0.8x^{1.7} - 0.2]\,, \{x, 0, 4.\}, 1]\}$

Out[6]=

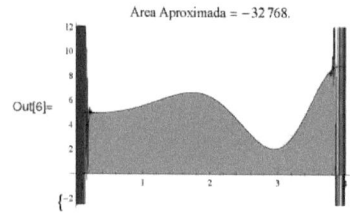

Area Aproximada = $-32\,768.$

$\{-2 \qquad , \qquad 4.63465 \times 10^{16}\}$

CONCLUSÕES

1. Este artigo apresenta dois modelos numéricos de quadratura baseados em polinómios interpoladores Lagrangianos. Estes são o modelo de cinco nós e o modelo de seis nós.

2. O erro associado aos modelos apresentados é inferior ao erro associado aos modelos conhecidos: retângulo, trapézio, Simpson e Simpson tetranodal.

3. Os resultados das análises efectuadas no Capítulo I foram utilizados para desenvolver um pacote geral no software científico *Mathematica v.7.0*, denominado LagrangeQuadratur.

4. O pacote LagrangeQuadrature contém os programas Quadrature (para aproximar um integral numérico), F (para determinar a função limitadora de erro) e QError (para determinar um limite de erro), bem como o utilitário weights (para calcular os pesos associados a um determinado modelo de quadratura).

5. A ajuda de um software científico é essencial para obter modelos com um maior número de nós (por exemplo, 26) e para poder utilizar o
Margem de erro.

6. As fórmulas de quadratura baseadas nos polinómios de interpolação de Lagrange são afectadas pelo *fenómeno de oscilação* associado a estes polinómios quando o número de nós aumenta.

RECOMENDAÇÕES

1. obrigar as autoridades competentes a adquirir licenças para software científico, a fim de facilitar a publicação dos resultados obtidos com esse software em revistas internacionais indexadas

2. Utilizar software científico para desenvolver ferramentas que acelerem o cálculo de resultados que demoram muito tempo a obter manualmente.

3. Tirar partido da programação funcional do software científico para otimizar o código de diferentes algoritmos.

BIBLIOGRAFIA .

[1] ARNOLD, D. "Uma breve introdução à análise numérica". Edições da Universidade de Minnesota (2001).

[2] BURDEN, R. e FAIRES, J. D. "Análise Numérica". Edições Thomson, México (2002).

[3] HUERTA, A.; SARRATE, J. Y RODR^GUEZ, A. "Métodos numéricos. Introdução, aplicações e propagação". Edicions de la Universitat Politecnica de Catalunya, SL (1998).

[4] KUDRIAVTSEV, L. D., "Curso de Análise Matemática, Vol. II"; Moscovo, Editora Mir (1983).

[5] RIVADERA, G. R., "La Programacion Funcional: Un Poderoso Paradigma"; Cuadernos de la Facultad de Ingeniena e Informatica, Numero 3; Universidad Catolica de Salta, Argentina (Nov. 2008).

[6] SAMARSKI A. "Introdução aos métodos numéricos". Editora MIR, Moscovo (1986)

[7] WOOD A. "Introduction to Numerical Analysis". Addson-Wesley, Inglaterra (1999)

[8] WOLFRAM, S. "The Mathematica Book", Quarta Edição, Wolfram Media, Champaign, IL & Cambridge University Press, Cambridge (1999)

Printed by Books on Demand GmbH, Norderstedt / Germany